LA CINQVIESME PARTIE DES FOVRNEAVX PHILOSOPHIQVES.

De la preparation du Fourneau.

IE n'ay point fait mention de ce Fourneau dans la Preface, & i'ay reserué d'en traiter en ce lieu, comme le plus à propos, pour en découurir les merueilles, en faueur de ceux qui s'estudient au laboratoire. Et quoy que ie sçache bien que les ignorans se choqueront plus en cet endroit que dans tous les autres de mes ouurages; ie ne laisseray pas neantmoins d'executer mon dessein, pource que ie suis asseuré de faire vne chose tres-agreable à ceux qui recherchent auec soin les secrets de la Nature. Car ie proteste auec verité que celuy-cy est le plus rare & le plus curieux, dans lequel, par la grace de Dieu, i'ay descouuert des choses tout à fait prodigieuses.

Quant à la construction de ce fourneau, il n'est pas necessaire d'en dire beaucoup de choses, d'autant qu'il n'en est pas de mesme que des autres, veu qu'il se trouue par tout basty des mains propres de la Nature, n'estant destiné qu'aux operations naturelles, pour la confection de quelque menstruë, lequel dissout sans aucun bruit l'or, l'argent, tous les autres metaux, les pierres tant communes, que precieuses, & mesme le vetre, l'origine du fourneau estant l'origine du menstruë. Il est aisé de coniecturer, que ce fourneau produisant ce menstruë royal, dont il a tiré son origine, n'est pas de ces communs fourneaux, par le moyen desquels les autres choses sont distillées, veu qu'il donne ce menstruë non corrosif, & qui a des vertus toutes particulieres, lesquelles ont plus d'efficace que toutes les eaux corrosiues en general & en particulier. Car toutes les eaux corrosiues telles qu'elles puissent estre, comme l'eau forte, l'eau royale, l'esprit de vitriol, de sel, d'alun, & de nitre, ne sont pas capables de dissoudre en vne fois, l'or & l'argent, & les autres suiets durs, & indissolubles par les eaux les plus caustiques.

Sans mentir cela est estonnant & prodigieux, qu'vne chose qui se trouue par tout tres-vile. & abiecte puisse faire de si merueilleux effects, Ie ne sçay quelle raison m'a poussé à escrire sur ce suiet, dont les sçauans me blasmeront, pour

LA CINQVIESME PARTIE DES NOVVEAVX FOVRNEAVX PHILOSOPHIQVES.

Où il est traité de la nature admirable du cinquiesme Fourneau : Comme aussi d'vne preparation facile des instrumens & des materiaux appartenans aux quatre Fourneaux, dont nous auons parlé cy deuant.

Composée par IEAN RODOLPHE GLAVBER.

Et mise en François

Par LE SIEVR DV TEIL.

A PARIS,
Chez THOMAS IOLLY, Libraire Iuré, ruë S. Iacques, au coin de la ruë de la Parcheminerie, aux Armes de Hollande.

M. DC. LIX.

Auec Priuilege du Roy.

en auoir escrit trop ouuertement, & les ignorans m'accuseront de mensonge. Sans doute ces considerations m'en auroient destourné, si ie n'eusse esté certain, que ie ferois vne bonne œuure, & que ie retirerois plusieurs personnes de l'erreur. Car il y a vne infinité d'ignorans qui s'imaginent qu'il n'y a point d'autre menstruë dissoluant, que les susdits esprits corrosifs, quoy que tous les Philosophes crient d'vne commune voix que ces esprits corrosifs & destruisans ne sont capables que de faire vne sterile solution des metaux. L'experience tesmoigne assez que toutes les solutions faites par le moyen de l'eau forte, de l'eau royale, & autres esprits colorent les mains, ce qui n'arriue pas dans cette vraye solution Philosophique, & que par consequent toutes les solutions qui colorent les mains sont fausses & malignes. Que personne dõc ne se persuade que ce menstruë soit à mespriser, à cause qu'il est vil & facile à trouuer, moy-mesme i'y ay esté trompé, & ne l'ay peu croire iusqu'à ce que i'ay découuert la verité. Il arriue en ce rencontre, ce qui arriue ordinairement, que les choses grandes & splendides sont mesprisées, & que les petites & communes sont negligées. Ce qui est contraire au cours de la Nature, laquelle fait tous ses ouurages auec simplicité. La pauureté de IESVS-CHRIST choquoit les Iuifs, & quoy qu'ils vissent ses miracles, toutefois ils ne les croyoient pas, à cause de la simplicité dont il agissoit, & de la forme humaine sans laquelle il ne pouuoit pas estre nostre Mediateur enuers

Dieu. Car par la faute d'Adam nous estions tellement separez de Dieu, & endurcis dans nos pechez, que nous estions deuenus esclaues de la Mort & de l'Enfer, ayant perdu le Sainct Esprit. Or par cette rosée & manne celeste nos cœurs ont esté arrousez, & par sa parole, & par son Sang nous auons recouuert ce Sainct Esprit, sans lequel nous ne l'aurions iamais trouué. Ainsi comme iadis les Pharisiens & les Prestres ne reconnoissoient pas IESVS-CHRIST à cause de sa pauureté, de mesme on mesprise ce menstruë vniuersel, parce qu'il est par tout, & qu'il se trouue mesme dans les ordures. Ne me blasmez pas d'auoir fait cette comparaison, car elle tourne plustost à la gloire de Nostre Seigneur, lequel a peu deliurer le genre humain de la puissance du Diable, de mesme que le mercure ressuscite glorieusement pour le salut du genre metallique.

I'eusse peu adiouster beaucoup d'autres choses touchant l'origine de ce menstruë vniuersel si vil & si abiect, & amplifier ses vertus qui dissoluent radicalement les metaux, les mineraux & les pierres sans bruit, vnissant & fixant, dont la solution ne colore point les mains, dont la conionction est inseparable, & la fixation incombustible, n'estoient les incommoditez que ie me procurerois, la haine, & l'enuie des autres. D'autant qu'il s'en trouue peu qui se contentent de la descouuerte qu'on leur fait de la possibilité, desirant qu'on leur reuele entierement tout le mystere, autrement ils nous persecutent par la haine & par l'enuie. S'ils auoient quelque connoissance de nostre trauail, ils en feroient sans doute vn meilleur iugement. Contente toy donc, amy Lecteur, de ce discours qui t'enseigne la possibilité de l'art & de la Nature. Cherche la bien auec la crainte de Dieu, & tu profiteras infailliblement.

De la construction des Fourneaux.

POur ce qui est des fourneaux du premier & second Liure, ils doiuent estre bastis auec terre de potier, & auec des pierres, dequoy ie n'ay pas grande chose à dire, d'autant qu'il y a beaucoup de Liures qui en traitent suffisamment. Neantmoins il y a vne chose digne de remarque, c'est que les fourneaux ausquels on ne doit pas donner vn feu violent, n'ont pas besoin de murailles si fortes, que ceux où on distille, sublime & fond auec feu violent. Et pour ce qui est des fourneaux pour sublimer & distilier, tu les peux bastir auec des briques communes qui sont faites de bonne terre grasse, & bien cuitte, auec des murailles fortes, afin qu'elles puissent garder plus long-temps la chaleur : autrement tu auras tousiours quelque chose à refaire, & à refermer les fentes, qui empeschent la conduite du feu. C'est pourquoy il les faut entourer auec des anneaux de fer, afin qu'elles soient plus durables. Mais quant aux fourneaux de fonte, les susdites briques ne seruent de rien pour les construire, d'autant qu'elles ne sçauroient durer au feu, & qu'elles se fondroient. Il faut donc faire d'autres briques auec de tres bonne terre, qui soit fixe au feu , comme la terre des creusets, dont il sera parlé cy apres , dans vn moule de bois ou de cuiure, ils n'importe pas qu'ils soient ronds ou quarrez, ayant esgard au fourneau, afin que six ou huict puissent faire vn tour du fourneau, il n'est pas aussi necessaire de bastir tout le fourneau de ces pierres il suffit seulement que le lieu où les charbons demeurent soit desdites pierres, & le reste de brique commune.

Lut pour bastir les Fourneaux.

LE lut se peut faire de diuerses façons pour cet effect cela dépend de la volonté d'vn chacun. Quelques-vns meslent auec la terre de potier tamisée, le poil des bœufs, vaches, & cerfs bien battus, de la paille d'orge, du lin, fiente de cheual & chose semblable, qui ioignent bien la terre, & empeschent qu'elle ne se fende ou creuasse, auec lesquels ils meslent quelquefois du sable tamisé, si l'argille est trop grasse, battant le meslange auec eau, tant qu'il est à vne consistance : & c'est là vn bon meslange, d'autant qu'il n'est pas suiet à creuer. Toutefois il estfoible, d'autant que par longueur de temps le poil & la paille sont bruslez, ce qui cause que le fourneau deuient mince & foible Il y en a beaucoup qui laissent les choses combustibles, & meslent la terre grasse & sable ensemble, & le temperent auec saumure, pour bastir leurs fourneaux, & c'est le meilleur meslange,

meslange, d'autant qu'il n'est pas combustible comme les autres, mesme il n'est pas sujet à creuer, à cause du sel, & pour cet effect la saumure du poisson, ou de la chair salée, y est tres propre, d'autant que le sang aide à leur vnion; mais si la teste morte du vitriol, ou de l'eau forte, ramollie auec de l'eau, est meslée auec la terre grasse, & le sable, ce sera encore mieux pour ton trauail; car ce lut n'est nullement sujet à creuer, estant fixe & permanent au feu. Auec ce lut les cornuës & cucurbites sont bien lutées: Comme aussi les iointures des retortes & recipients bouchez. Ce lut humecté auec vn linge moüillé se separe aisément, comme aussi celuy auec lequel le sel est meslé: mais les luts où il n'y a point de sel ne se separent point. Ce qui cause que bien souuent les verres sont cassez, c'est pourquoy si tu n'as point de la teste du vitriol, tempere l'argille & le sable auec saumure. Il y en a beaucoup qui y meslent la limaille de fer, le verre en poudre, les cailloux, &c. Mais tu n'as pas besoin de cela pour le bastiment des fourneaux, mais seulement pour lutter certains verres qui seruent pour la separation & distillation, d'autant que la limaille de fer estant meslée auec le sel, lie & ioint tres-estroitement.

Pour boucher les iointures qui empeschent l'euaporation des esprits.

LE susdit lut est suffisant pour boucher les iointures du premier fourneau, où les esprits ont assez d'air, mais non pour les vaisseaux du second fourneau, où il faut distiller les esprits tres-subtils, qu'il ne pourroit retenir, à cause de leur penetration auec la perte de la meilleure parie. C'est pourquoy il t'en faut choisir vn autre, sinon qu'apres qu'il est bien sec, tu l'oignes auec vn pinceau d'vn meslange fait de chaux viue en fine poudre, auec huile de lin, alors l'argille en fera attraction par ses pores, se fortifiera, & sera capable de retenir les esprits les plus subtils. Or ce lut ne peut estre apres separé que fort difficilement, d'autant que resistant à l'eau, il ne peut estre ramoly. C'est pourquoy la terre ne doit estre temperée autrement qu'auec des blancs d'œufs, appliquez auec des linges. Mais il te faut prendre garde que le linge ne se brusle par la grande chaleur du col du recipient, en y mettant entre deux vn col de fer ou de verre tres fort, c'est à dire entre le recipient & la retorte : les iointures peuuent aussi estre bouchées auec vessie de bœuf trempée en blanc d'œuf. Comme aussi auec amidon ou empoix temperé auec eau, & appliqué sur du papier par diuerses fois, & par ce moyen ces esprits subtils sont aysément retenus, mais non les corrosifs, ausquels la teste morte de l'eau forte est plus propre,& apres qu'il est sec,il doit estre touché auec le meslange de chaux viue, & huile de vin.

La diuersité de ces luts a esté destinee à diuers vsages.

Autre lut pour les verres cassez.

IL arriue quelquefois que les vaisseaux de verre,comme recipients & retortes ont des fentes,sans lesquelles ils seroient encore bons: les fentes sont plus grandes en ces verres qui souffrent derechef la chaleur du feu, lesquels se rompent à la fin ; que si tu desires preuenir cela, il te faut faire vn lut deslié auec chaux viue, minium, & huile de lin, l'estendre sur du linge & l'appliquer sur la fente, & estant sec, en mettre vn autre : mais si la fente est grande, tu y peux appliquer trois ou quatre linges pour plus grande asseurance : tu y peux aussi appliquer des blancs d'œufs battus, auec vn linge, & ietter dessus de la chaux viue en fine poudre, & la presser bien fort auec la main,ce fait, il te faut appliquer dessus vn autre linge trempé en blanc d'œuf, & ietter de la chaux viue dessus;ce lut estant sec, retient les esprits, mais il est plus suiet à la corrosion des esprits corrosifs, que le precedent.

Remarque bien que la chaux viue ne doit pas estre meslee auec le blanc d'œuf, ny mise sur le linge, comme quelques-vns font, à cause que le blanc d'œuf reçoit vne dureté de la chaux viue, auparauant qu'ils soient vnis, &

par ce moyen il ne se peut attacher : mais il faut que le linge soit moüllé auparauant que la chaux viue soit mise dessus, de telle façon qu'il ne faut pas que la chaux viue touche immediatement le verre, mais qu'elle soit appliquee entre deux linges.

Comment on peut empescher l'euaporation des esprits subtils, apres qu'on les a preparez.

CEs verres dans lesquels les esprits sont gardez, sont ordinairement bouchez auec du liege ou de la cire, sur lesquels on met apres des vessies, lesquelles choses sont bonnes pour certains esprits, qui ne rongent point le liege, ny la cire : car tous les esprits corrosifs, comme ceux de vitriol, d'alun, de sel commun, de nitre, &c. rongent le liege, & les esprits de corne de cerf, de tartre, de sel armoniac, d'vrine, de vin, &c. fondent la cire & la penetrent.

Et quoy quoy qu'on les puisse boucher par autre voye, qui empescheroit que les deux sortes d'esprits ne s'euaporent, ce neanmoins ce seroit vne grande peine de les ouurir si souuent, & les boucher derechef, c'est pourquoy i'ay inuenté vne façon de verre propre pour cela, dont les orifices estans distinguez, sont propres pour receuoir leurs couuercles, comme il appert par la figure, A signifie le couuercle, B le verre qui contient l'esprit, C l'attractoire, par le moyen duquel les esprits sont tirez hors du verre. Quand il est necessaire sur le bord de l'orifice du verre qui contient l'esprit, on y met du vif argent, & sur cela on met le couuercle : cela fait le vif argent courant sur le bord, bouche exactement l'ouuerture des deux verres. De sorte que rien du tout n'en peut estre euaporé. Car les esprits ne penetrent pas le mercure, si ce n'est qu'ils soient grandement corrosifs (ce qui est remarquable) lesquels par succession de temps reduisent le mercure en eau. Ce qui arriue rarement, & lors le mercure doit estre renouuellé; mais il n'est pas besoin de faire tant d'honneur aux esprits corrosifs, car ils ne sont pas à esgaler à ces esprits volatils, lesquels estant tirez hors des corrosifs, n'agissent point sur le mercure; encore moins le font les esprits vrineux, & c'est principalement pour eux qu'a esté inuentée cette sorte de verres, par le moyen desquels les esprits les plus subtils sont preseruez sans aucun danger, de la perte de leurs vertus, aussi long-temps qu'on le desire : & d'autant qu'en cas de necessité les esprits ne peuuent pas estre versez à cause du mercure qui est sur le bord, il faut que tu te fournisses d'vn attractoire semblable à celuy par le moyen duquel on tire le vin hors des tõneaux, mais plus petit, ayant vn ventre auec vn petit orifice fait bien proprement, l'ayant mis dans le verre, vous en pouuez tirer autant qu'il vous plaist, ou qu'il vous est necessaire, le trou de deſſus eſtant bouché auec le doigt, rien n'en ſortira, ce que vous auez tiré eſtant mis dans vn autre petit verre, pour vous en ſeruir à voſtre vſage, alors il faut couurir derechef le reſte de l'eſprit qui eſt dans le verre, & en tirer comme cela auec cet inſtrument, autant qu'il vous eſt beſoin pour voſtre vſage. c'eſt icy la voye la plus ſeure pour garder les eſprits ſubtils, comme auſſi ils ſont fort bien gardez dans les verres, dont les bouchons ſont de verre poly par l'attrition; mais cette voye de garder les eſprits eſt plus chere que l'autre, & ſe fait comme s'enſuit.

La maniere de polir les bouchons de verre pour retenir les eſprits dans les vaiſſeaux de verre.

PRemierement, il te faut auoir des bouteilles de verre de diuerſes façons, de grandes & petites, qui ayent le col tres fort & la bouche auſſi auec les bouchons de verre, leſquels eſtant polis, bouchent bien l'orifice de la bouteille. On les polit en cette maniere. Mets le bouchon dans vn tour bien fermé dans du bois, & le fay tourner, puis eſtant moüillé auec emery, & eau meſlez enſemble, mets-le à la bouche de la bouteille, afin de le tourner tout rond dans la bouche de la bouteille, laquelle tu retireras ſouuent hors du bouchon, qui ſera bien attaché autour, pour l'humecter plus souuent auec ce meslange d'eau & d'emery, par le moyen d'vn pinceau ou d'vne plume, ce qu'il faut faire si souuent, iusqu'à ce que le bouchon ferme la bouche de la bouteille tres-exactement. Ce fait il faut nettoyer le bouchon & l'orifice de la bouteille, auec vn linge pour oster l'emery. Alors frotte le bouchon, & la bouche de la bouteille, auec liniment fait de fine terre lauée, & meslée auec eau, ou bien auec huile, & le tourne derechef dans la bouche de la bouteille, & l'oings si souuent auec ce nouueau meslange, tant que le bouchon soit exactement poly. Apres il le faut attacher à sa propre bouteille. La mesme chose se doit entendre de tout le reste, afin qu'vn ne soit pas pris pour l'autre, &c. & afin qu'il ne soit pas necessaire d'en oster beaucoup des bouchons & des bouteilles, sers-toy des moules de cuiure, qui soient faits pour les bouchons, pendant qu'ils sont encore chauds, mols & nouuellement tirez hors de la fournaise: afin qu'ils soient faits d'vne iuste rondeur. Comme aussi d'autres moules de cuiure qui doiuent estre mis aux orifices des bouteilles, pendant qu'ils sont chauds & mols, afin de les faire plus ronds, & que le bouchon soit plus promptement & aisément rendu propre à fermer exactement la bouche de la bouteille (par exemple, A est le bouchon, B la bouteille) si tu sçais exactement comme il y faut proceder, ils seront promptement & aisément rendus propres l'vn pour l'autre.

Et si tu n'as point de tour, tu y procederas

en la maniere suiuante, laquelle est à la verité plus longue, mais aussi elle est plus seure, d'autant qu'au tour souuentefois les verres estant chauds, sont rompus, à cause de trop de precipitation. Cela se fait ainsi. Il faut auoir vn vaisseau de fer, ou de bois propre pour receuoir la bouteille, laquelle estant couuerte auec du linge & mise dedans, il te faut ioindre les deux parties auec addresse, par le moyen d'vne vis, afin que la bouteille ne se rompe ; & d'autant que cet instrument ou receptacle de la bouteille estant attaché à vn banc par le moyen d'vne vis ne peut estre changé de lieu : il te faut auoir vn autre instrument de bois pour le bouchon. (Exemple, A le bouchon auec son receptacle, B la bouteille auec son receptacle) lequel puisse estre separé au milieu, & derechef reüny auec vne vis, apres y auoir mis le bouchon, & l'ayant moüillé auec le susdit meslange d'emery, & d'eau ; prends l'instrument auec les deux mains, & mets le bouchon dans l'orifice de la bouteille, & frotte en tournant l'vn sur l'autre. Comme font ceux qui polissent les bondes des tonneaux à vin ou à biere, faisant cela tant que le bouchon soit propre pour la bouteille, alors reïtere ledit trauail auec du tripoly tant qu'il soit prest, & il bouchera aussi bien qu'vn bouchon fait au tour.

De la mesme façon tu peux preparer ces grands recipients de verre de la premiere fournaise, afin qu'ils puissent estre bien bouchez sans lutation. Les bouchõs des matras pour les fixations peuuent aussi estre bouchez de cette façon, lesquels au lieu d'estre lutez peuuẽt estre mis dans la bouche du matras, sur lesquels on met de petits couuercles de plõb, afin qu'en cas de necessité, ils puissent estre vn peu souleuez. lors que par vn mauuais regime du feu, les esprits sont trop excitez & rarefiez, à cause du danger que les verres ne cassent, & afin que ces bouchons de verre puissent estre derechef appliquez aux orifices des matras, lesquels en cette maniere seront bouchez tres-exactement. Cette maniere de boucher est meilleure, que celle qui se fait auec liege, cire, soulphre, & autres choses: afin que s'il arriuoit que le regime du feu ne fust bien administré, & que par consequent tu eusses failly, tu puisses preseruer ton verre, en souleuant les bouchons, quand les esprits sont trop excitez. Quoy que cette maniere de boucher soit meilleure que la commune, neanmoins celle qui s'ensuit est encore meilleure que les autres, par le moyen de laquelle les esprits sont plus aisément retenus, le verre estant preserué sans aucun danger de se rompre, voici comment.

Fais faire vn canon de verre qui soit crochu comme la figure le monstre, dans le ventre duquel il faut mettre demie once ou vne once de mercure, ou enuiron; que ce canon qui a vn ventre, entre dans le matras contenant la matiere qui doit estre fixée; Par exemple A est le canon auec le ventre B est le matras, & derechef A signifie ce petit couuercle de plomb auec le matras B, les iointures desquels doiuent apres estre lutées, & le matras ne sera iamais en danger de se rompre.

Les susdites manieres de boucher sont les meilleures, par le moyen desquelles on ne casse point de verres, ie parle pour ceux qui sont dans l'erreur concernant la fixation des esprits, des sels, mineraux & metaux, desquels quoy qu'ils soient fixez auec grands frais & labeur, neanmoins on n'en tire pas ce qu'on s'en estoit promis: d'autant que toutes ces sortes de fixations sont violentes & forcées, & par consequent contraires à la nature, mais il n'en est pas de mesme en cette fixation des esprits qui est profitable, par laquelle il nous faut suiure la nature, & ne mettre pas nostre trauail entre les mains de la fortune. Car il n'y a que les fols qui cassent leurs verres auec leur teinture supposée: mais les Philosophes ne font pas de mesme. Car toute chose qui est violente est ennemie de la Nature, & toutes les operations de la Nature sont aisées. Ceux-là donc qui feront des fixations violentes ne paruiendront iamais à la fin qu'ils se sont proposée. Ie ne sçaurois estre persuadé que les corps morts, ou à demy morts puissent estre meslez, pour pouuoir multiplier: mais ie croiray fort aisément que la conionction d'vn masle & d'vne femelle d'vne mesme espece, sains & bien nourris, auec bonnes & saines viandes est naturelle, & qu'elle fera la multiplication en son espece, ce sont ceux qui endurent dans la bonne & mauuaise fortune, dans la vie & dans la mort: mais la conionction des choses mortes, est morte & enterrée. Considere seulement combien de diuerses sortes d'instrumens, comme d'or d'argent, de cuiure, de fer, d'estain, & de plomb, de terre, de verre, de pierres, & autres vaisseaux d'autres matieres ont esté desia inuentez pour fixer le mercure tout seul auec l'or & l'argent, mais en vain, à cause qu'ils n'ont aucune affinité. Car quoy que le mercure se mesle auec les metaux, ou les metaux auec luy, ce n'est pas par la raison qu'ils ayent aucune affinité pour la multiplication, ou perfection: on voit par experience que le mercure s'enfuit dans le feu, & laisse l'or, l'argent, & autres metaux. C'est pourquoy il est euident qu'ils n'ont point cette mutuelle affinité requise à la multiplication des metaux, & il n'est pas mesme possible, car ceux qui ont vne mutuelle affinité s'ẽbrassent l'vn l'autre, & demeurent ensemble pour iamais, quoy que volatils, neantmoins ils ne se quittent point l'vn l'autre, comme font l'or & le mercure, lors qu'ils sont vnis ensemble auec le plus fort lien; de sorte qu'ils ne puissent estre iamais separez dãs le feu le plus violent. Il faut donc auoir grand soin dans la fixation des choses qui se ioignent ensemble, & se retiennent l'vne l'autre, sans l'assistance d'aucun verre curieux. Que si tu n'as pas l'intelligence de ces choses, ne t'en mesle point, d'autant que cela te seroit plus nuisible que profitable, comme l'experience iournaliere que d'autres & moy en auons faite, le tesmoigne. Mais afin que tu puisses mieux entendre quelles choses ont vne mutuelle affinité l'vne auec l'autre. Entends vn peu ce que ie te dis.

Ne se mocqueroit-on pas de ceux qui voudroient mettre de l'eau de pluye, ou de l'eau commune sur l'or, l'argent, & autres metaux pour les fixer ? c'est pourquoy prends garde à la folie de plusieurs auares Alchymistes, lesquels en vne affaire si difficile, ont perdu leur temps, recueillant selon qu'ils ont semé, à la fin ils ont laissé le trauail qu'ils auoient entrepris, apres auoir despensé beaucoup inutilement. I'en ay veu souuentefois qui ont choisi pour leur dissoluant la rosée de May, la neige, la pluye de Mars, ou l'eau distillée des excremens des estoilles, des vegetaux & animaux, en quoy ils ont perdu leur peine.

Car la radicale vnion desdites choses auec les metaux estant impossible, il ne peut iamais estre produit rien de bon, à cause de leur difference. Et ceux-là peuuent auec raison estre comparez à ceux qui desirent monter à vne eschelle fort haute, qui a beaucoup de degrez, & qui veulent incontinent voler du bas de l'eschelle en haut, ce qui est impossible, de mesme il ne se peut faire aucune conionction des choses qui sont tout à fait differentes. Mais comme chacun peut aisément monter au plus haut de l'eschelle par les degrez, de mesme chacun peut ioindre les choses les plus éloignées, adioustant premierement vne chose qui soit la plus proche de celle qui est la plus éloignée, & apres celle-là vne autre la plus proche, & ainsi de suite.

C'est vn trauail qui a besoin de beaucoup de temps, & qui est sans profit. Car si les choses qui ont le plus d'affinité sont iointes ensemble, l'vne se delectera dans l'autre, & l'vne embrassera l'autre. Par exemple, il y a vn certain sel, qui conuertit l'eau commune en vn corps semblable à soy-mesme : lequel peut estre fixé en peu de temps auec vn certain mineral, grandement volatil. Les mineraux peuuent aussi estre fixez par les metaux, & les metaux (ce que ie n'ay pourtant iamais esprouué) auec vne certaine chose qui est plus excellente que les metaux. Mais pour cela il n'est pas besoin dans la fixation des mineraux, de commencer par la coagulation de l'eau, laquelle se conuertit en sel, & apres en vn mineral, ce qui seroit trop ennuyeux; mais il suffit de commencer par des choses plus proches, ausquelles la nature a commencé son operation, & l'a laissée imparfaite, lors il y a esperance de profit, si on n'y ioint aucune chose contraire, autrement il n'y en a point. Considere comme la Nature est preste à donner son secours, alors qu'elle le peut. Par exemple, tire le sel du tartre calciné par dissolution & congelation (mais ne prends pas celuy-cy pour celuy duquel i'ay fait mention vn peu deuant, lequel est beaucoup meilleur que le sel de tartre) apres que tu l'auras calciné, obserue bien le poids, sur lequel puis apres tu verseras la moitié de son poids de pure eau de pluye, que tu distilleras pour euiter tout soupçon d'impureté, puis retire l'eau par le bain doux ou par le sable, laquelle tu cohoberas sur le sel de tartre, & distilleras derechef, reïterant cela tant qu'il sera necessaire, iusqu'à ce que toute l'eau soit consommée; ce fait tire hors le sel, & le fais rougir au feu, puis le pese, & tu trouueras qu'il a augmenté en poids, cette augmentation ne vient que de l'eau, & non d'ailleurs.

Remarque bien que la cohobation de l'eau doit estre reïterée souuent sur le sel de tartre; par ce moyen l'eau se peut conuertir en sel, &c. Que si tu ne crois la conuersion des choses materielles & corporelles, comme quoy croiras-tu la conuersion des choses qui ne sont pas materielles? comme du Soleil, & du feu en vne substance materielle & fixe? dequoy nous dirons quelque chose dans nostre traité de l'Or potable, & plus au long cy apres dans vn traité de la generation des metaux, si Dieu me le permet. Car il faut sçauoir la circulation des Elemens & choses elementées, comme l'vn est conuerty en l'autre. Par exemple, la terre donne l'eau, l'eau dóne l'air, l'air le feu, & le feu derechef la terre, & s'il est pur il donne vne terre pure. Mais afin que tu entendes parfaitement comme quoy chaque chose qui doit estre fixée, peut estre retenuë par vne autre, à raison de son affinité, obserue l'exemple suiuant. Le laboureur iettant la semence en terre pour la multiplier, ne choisit pas toute sorte de terre, mais seulement celle qui luy est propre pour la multiplication, à sçauoir vne terre qui n'est ny trop seiche, ny trop humide, car la semence iettee sur le sable ne croist point, &

se perd, de mesme ce qui est ietté dans l'eau se gaste & se pourrit: toute chose qui doit estre conseruée, le doit estre par vn temperament esgal, lequel plus il est esgal ou semblable, produit vne substance plus parfaite. C'est pourquoy l'humidité est necessairement requise pour faire croistre les vegetables, sans laquelle ils ne sçauroient croistre ny multiplier. Or la semence estant iettée sur le sable humide, & les rayons du Soleil venant à donner dessus, il en consomme soudainement l'humidité, d'où s'ensuit, que la semence est brulée dans le sable qui est sec, à cause qu'entre l'eau & le sable il n'y auoit point d'affinité, sans laquelle l'eau ne sçauroit estre retenuë par le sable, & par consequent la semence est priuée de sa nourriture. Il s'ensuit donc necessairement, qu'il y doit auoir vn milieu, ou vn lien qui ioigne l'eau & le sable: ce lien n'est autre que le sel, par le moyen duquel l'eau de pluye est arrestée par le sable, de sorte qu'elle n'est pas si aisément consumée par la chaleur du Soleil.

Le sable donc retient le sel, & le sel l'eau de pluye pour la nourriture du germe. Mais toutes sortes de sels ne sont pas propres à cela, car quoy que Nostre Seigneur dise au chapitre 14. de Sainct Luc verset dernier, que la terre qui est sans sel ne produit point, neantmoins il ne faut pas entendre par là toute sorte de sel, car quelques sels, comme le sel commun, sel de vitriol, alun, &c. non seulement ils ne profitent pas, mais ils gastent les vegetables, les empeschant de croistre & de germer, à raison de leur seicheresse, & les sels vrineux les auancent ; ce que les paysans entendent mieux que nos Sophistes ; car ils connoissent comme il faut aider leur terre sterile auec les excremens des animaux, qui ne sont autre chose qu'vn sel vrineux meslé auec le soulphre, faisant la terre grasse & fertille, & par ce moyen vn vehicule (ou plustost vn lien) est administré à l'eau de pluye, afin qu'elle ne soit pas si tost consommée par la chaleur du Soleil. De plus, toute semence (consistant en vn sel vrineux, & en soulphre) aime son semblable, d'où ils tirent leur nourriture, ce qui n'est obserué que par peu de sçauans, non par les ignorans : les laboureurs peuuent estre excusez de leur ignorance, d'autant qu'ils trauaillent seulement par coustume, mais non pas ceux qui portent le tiltre de sçauans, ausquels il appartient de rendre raison de l'accroissement, ils deuroient auoir honte de leur ignorance, ayant moins de connoissance que les paysans. Il est euident que le fient rend la terre fertille, mais comment & par quelle raison, ils n'en sçauent rien, que s'il manquoit de sel nitreux, il ne la rendroit pas fertille, ny n'auanceroit pas le germe. Car il n'est pas inconnu que le nitre est fait des excremens des animaux : donc la bonté du fient consiste seulement au sel vrineux qu'il contient, & non dans la paille.

Mais tu me demanderas peut estre, pourquoy chacun des autres sels ne sert-il point à rendre la terre fertille ? pourquoy est le sel du fient plus necessaire à la production qu'vn qu'vn autre ? Nous auons deſia reſpondu, que chaque choſe eſt aidée par ſon ſemblable, & les contraires ſont deſtruits par leurs contraires, car l'experience nous certifie, que chaque ſemence conſiſte en ſel vrineux & en ſoulphre, & non dans aucun ſel acide, c'eſt pourquoy il deſire & embraſſe ſon ſemblable: que celuy qui ne le veut pas croire, faſſe cet eſſay, ſçauoir qu'il diſtille la graine de quelque vegetable, & qu'il en faſſe ſortir vne liure par la retorte, & il verra par experience qu'il n'en ſortira pas ſeulement vn eſprit acide, mais tout enſemble vn flegme, auec quantité d'huile, & vn ſel volatil qui blanchira tout le recipient, ce qu'aucune racine ny tige ne peut faire, car la principale vertu, odeur & gouſt des vegetables, animaux, & mineraux, ſe trouue dans la ſemence, auſquelles choſes la Nature a pourueu, & fait fort ſagement, donnant les principales facultez de la ſemence, laquelle eſt plus ſuiette à diuers accidens, que le reſte, lequel eſt auſſi conſerué, nourry & chery par ſon ſemblable.

Maintenant ce diſcours, lequel pourroit autrement auoir eſté obmis, a eſté inſtitué, afin que la cauſe de la generation ou production des vegetables, fuſt monſtrée plus clairement, & que ce qui a eſté dit de l'attraction, & fixation de toutes choſes, puiſſe eſtre mieux entendu; c'eſt pourquoy il faut que la generation & multiplication des mineraux, vegetaux & animaux ſoit d'elle-meſme, & non forcée, comme eſt celle des faux Alchymiſtes ſterile & infructueuse, comme estant contraire à la Nature : c'est pourquoy quand tu fixes quelque chose, sois preuoyant d'auoir quelque chose qui la retienne, sans laquelle elle ne peut estre fixée ; à la verité le feu fait tousiours son office ; mais il ne sçait pas assister ce qui est contraire à la Nature, lequel il destruit entierement, & rien ne peut preualoir contre luy, s'il n'est bien gouuerné selon l'ordre de la Nature.

Cecy soit dit pour ton instruction, si tu pretends fixer quelque chose, autrement tu perdras ta peine.

Pour faire les meilleurs creusets.

LEs meilleurs creusets qui sont requis pour la quatriesme fournaise, ne se trouuent pas par tout, c'est pourquoy i'estime qu'il vaut bien la peine d'en escrire la façon de les faire, car ie n'ignore pas que beaucoup sont contraints ne trouuant pas de ceux-là, de prendre de ceux qu'on vse communément, & par là auec grand perte de metal, quand les creusets se rompent dans le feu, & par consequent auec grand trouble pour les en retirer.

Les Chymiques ont esté vn long-temps en grand erreur, & non seulement eux, mais encore les Orfeures, & ceux qui separent les metaux. Comme aussi d'autres qui ont besoin de se seruir de creusets, s'estant persuadez en eux-mesmes, qu'il ne se peut trouuer de bonne terre en autre part qu'en Hesse ; ce qui a esté cause qu'il a fallu transporter des creusets de ce pays-là en celuy-cy auec grands frais, ne conſiderant pas qu'en tous les endroits d'Allemagne, il s'en trouue de ſemblables. Ce qui eſt à la verité vne grande folie des hommes, ne prouenant que de ne ſçauoir pas connoiſtre la bonne terre, laquelle ſe trouue preſque par tout. Ie ne nie pas que la terre de Heſſe ne ſoit tres bonne pour les creuſets,tuiles, retortes, & autres vaiſſeaux, qui doiuent ſouffrir vn grand feu, à cauſe dequoy on recommande la terre des creuſets de Gipſe & Valbourg.

Il y a peu d'années que quelques-vns ont fait leurs creuſets & autres vaiſſeaux qui endurent bien le feu,auec de la terre qu'on porte d'Angleterre & de France en Hollande, leſquels ont fort bien retenu les metaux dans le feu, mais non les ſels, d'autant qu'ils ſont trop poreux, & ne ſont pas ſi compactes que ceux de Heſſe, c'eſt pourquoy ceux de Heſſe ſont touſiours preferez à tous autres,d'autant qu'ils retiennent mieux les metaux & les ſels, mais quoy que cette terre ſoit tranſportée de là en autres places, neanmoins cette ſorte de forts creuſets n'en ſçauroient eſtre faits : la cauſe de cela ne prouient pas de la conſtitution de l'air, ny du lieu, quoy que fauſſement,quelques-vns luy ayent voulu imputer, mais elle vient de l'erreur en les faiſant cuire, car en Heſſe il y a grande abondance de bois, lequel ils n'eſpargnent point en cuiſant les creuſets, car ils les cuiſent iuſqu'à la dureté de pierre. Ce qui ne ſe peut faire auec vn petit feu de tourbe.

La meſme erreur ſe commet en faiſant d'autres pots & vaisseaux, lesquels sont faits à Frechein, Sibourg, & autres lieux proches de Cologne, lesquels sont transportez presque par toute l'Europe, la bonté desquels est attribuée à la seule terre, & non à la maniere de les faire. Mais à present l'experience, nous a fait voir, que toute bonne terre deuient pierre dans vn feu violent, sans considerer le lieu où elle est prise, c'est pourquoy il est probable, veu la possibilité, que tels vaisseaux sont faits par tout ailleurs, car toute terre qui est cuitte retenant vne coûleur blanche à vn feu mediocre, rend les pots & creusets poreux, mais à feu violent & long, elle les rend compactes comme verre, principalement si on iette dessus du sel commun en abondance, apres qu'ils ont esté cuits à feu tres violét, lequel leur adiouste par dehors vne politesse pareille à celle du verre, & par ce moyen ils seront plus capables de retenir les esprits dans le feu, c'est pourquoy que personne ne doute que tels vaisseaux ne se puissent faire de toute terre qui deuient blanche en la cuisant à vn feu violent : car plus elle deuient blanche en la cuisant, tant plus excellents en seront les pots, qui en seront faits, & voyant qu'il y a grande difference en la façon de faire les creusets qui doiuent souffrir le feu, & les pots de pierre qui retiennent les choses liquides. Ie monstreray la façon de faire les deux; les pots qui seruent pour la premiere & seconde fournaise, & les creusets pour la quatriesme, en la maniere suiuante.

Celuy qui veut faire l'essay de la bonne &

pure terre blanche. Pour voir si elle se rend en pierre dans le feu, qu'il iette vne piece de pure terre de la grosseur d'vn œuf dans vn feu violent, obseruant si elle se creuera en pieces promptement ou lentement: si elle ne creue & ne se reduit en poudre, quoy qu'elle ait quelques fentes, c'est de bonne terre propre pour estre cuite, si le meslange est bien fait, en quoy consiste tout l'art.

La terre qui doit seruir pour les pots, recipients, & bouteilles, n'a pas besoin d'autre preparation que celle qui sert pour la brique, laquelle pour la pluspart est trop grasse, auec laquelle tu mesleras du fin sable bien tamisé & fusible, petris-la auec les pieds, & la manie bien auec les mains auant qu'en faire les vaisseaux, lesquels estant faits, il les faut seicher au Soleil, ou en autre lieu chaud, estant secs, il les faut cuire à feu violent l'espace de vingt-quatre ou trente heures, sur lesquels tu ietteras du sel en mesme temps autant qu'il te plaira, lesquels estant bien cuits comme cela, sont semblables au verre, retenant aisément toutes choses liquides. Mais que celuy qui fait des creusets, tuiles, briques & autres vaisseaux destinez pour souffrir vn feu violent, vse de plus de precaution pour les faire. Premierement, il faut qu'il pile la terre bien seichée au Soleil, ou ailleurs, en menuë poudre auec vn marteau de bois, & estant en poudre, la passer par vn gros tamis: & pour vne part de ladite terre, y ioindre deux, trois ou quatre parts (ayant esgard à la graisse de la terre) de la terre cuitte dans la fournaise d'vn potier de terre, & mise en poudre, lesquelles estant meslées auec vne suffisante quantité d'eau, il les faut piler auec les pieds, & apres les pestrir auec les mains, & la terre sera preparee pour en former des vaisseaux. Quand il fait des creusets & coupelles qu'il se pouruoye de moules de bois grands & petits faits au tour, d'autant que lesdits vaisseaux ne sçauroient estre formez par la voye ordinaire des potiers, à cause que leur matiere doit estre fort maigre pour souffrir vn grand feu, c'est pourquoy on les fait communément auec des moules, selon la façon cy dessous escrite.

Mettez vne piece de vostre terre preparée dans le moule, lequel il faut tenir d'vne main, & appliquer la terre par dessus auec l'autre, ou le tenir auec les pieds, ou entre les cuisses, afin que la terre soit appliquee auec les deux mains. Comme aussi il te faut premierement bien frotter le moule, auec du sable bien tamisé & net; Car autrement la terre s'attachera au moule de bois, de telle façon qu'il sera presque impossible d'en destacher le creuset sans vn grand danger: ce fait, il est besoin de l'appliquer encore plus auant en frappant dessus, auec quelque instrument de bois bien poly, afin que le creuset soit parfaitement mis dans le moule. Par ce moyen les creusets deuiennent extremément forts. Ce fait tire le creuset hors, & le mets sur vne planche pour le seicher, premierement à l'air, puis par la chaleur du feu, ou du Soleil, & apres le cuits dans la premiere chambre de nostre quatriesme fournaise, ou dans vne fournaise de potier. Mais si ton dessein n'est autre que de fondre des metaux, tu n'as pas besoin de les brusler, ou cuire à vn feu si violent, s'ils sont bien & exactement faits.

Or il faut vser de cette precaution, en fondant auec ces creusets, qui ne sont pas bruslez, c'est qu'il te faut commencer le feu peu à peu par le haut, crainte que les creusets ne rompent pour auoir pris le feu subitement.

De plus, afin qu'ils soient faits esgaux en force, poids, & espaisseur, il te faut peser exactement vn creuset fait auec le moule mis dans la balance, & vne piece de la terre preparee, laquelle sera mise dans l'autre balance, & s'ils sont esgaux en poids tire hors cette piece, & en mets vne autre, faisant cela si souuent tant que tu ayes le nombre des creusets que tu desires faire, par ce moyen ils sont faits esgaux, & tu n'as pas besoin de couper la terre superfluë lors qu'elle est bien appropriee au moule, d'autant qu'ils sont faits esgaux, par le moyen de l'esgalité du poids de la matiere de la terre, & le trauail est plustost fait que par aucune autre voye.

A la verité cette voye est la meilleure, mais ennuyeuse & de grand trauail, ce qu'ayant consideré vn peu plus exactement, i'ay trouué à la fin que la façon suiuante est beaucoup meilleure que la precedente, par laquelle les creusets ne se font pas seulement plus forts, mais aussi il s'en fait plus dans vne heure, que par la precedente en trois ou quatre. C'est pourquoy le moule est fait de latton (dans lequel ie t'aduise d'appliquer la terre) signifié par la lettre A, qui est le meilleur qui soit fait par la voye de la fusion, alors le contre-moule respond à celuy-cy, signifié par la lettre B, de telle façon qu'il n'entre pas trop auant dans celuy-cy, afin qu'il ne touche au fonds, & qu'il y ait pour le moins l'espaisseur d'vn doigt, mais à des creusets plus grands, qu'il y ait plus grande espaisseur au fonds, comme la pratique te fera voir.

C'est pourquoy celuy qui veut faire des creusets doit appliquer la terre au moule, comme a esté dit en la premiere façon; ce fait retirer derechef le creuset qui est formé ou ietté, & le mettre à l'air pour seicher, alors ayant fait vne suffisante quantité de creusets, il faut nettoyer le moule de la terre, ou sable, & l'oindre de graisse ou huile d'oliues auec vne esponge. Comme aussi le contre-moule, dans lequel il faut mettre le creuset demy fait & seché, & dans celuy-cy le moule, lequel il faut frapper deux ou trois fois auec vn marteau de bois, afin que la terre soit exactement appliquée au moule; ce fait tirer hors le moule, & tourner le creuset & le contre-moule ensemble, & frapper vn peu sur le banc (où se font les creusets) & receuoir à la main le creuset qui en tombera, lequel il faut apres seicher & brusler, comme a esté dit cy-dessus dans la premiere façon, & en cette maniere sont faits les meilleurs & mieux proportionnez, fixes & vnis, non seulement pour la fonte des metaux; mais aussi pour les mineraux,& pour les sels,dont ie n'en ay iamais veu de semblables qui soient sans aucun danger, s'ils sont exactement faits de la meilleure terre, esgaux en poids & en force, estant pesez,comme dit a esté.Ce trauail est plus aisé & plus plaisant,par lequel ils sont faits auec les mains seules, aussi bien grands que petits, à vostre volonté.

De la mesme façon sont faits les tests, par le moyen de semblables moules; il ne faut pas qu'ils soient longs, mais plats, comme les tests ordinaires, ainsi que nous voyons par la figure suiuante A & B, non seulement les tests, mais aussi les coupelles sont faites par le moyen de ces moules.

Les tests sont faits plus aisément par cette voye que les creusets, à cause que la terre se pese seulement,& estant maniée auec les mains est mise dans le contre-moule, laquelle terre, il te faut presser bien ferme par la partie superieure, afin qu'elle soit faite conformément au moule plat, & non pas long, ce qui peut estre aisément fait; & à cause de cela ces creusets sont aisément tirez hors, si le moule est tourné ou que le contre-moule soit vn peu frappé contre le costé du banc; & si la terre estoit battuë si fort qu'elle sortist par les costés,tu la couperas auec vn cousteau, autrement le creuset ou test est difficilement tiré hors, s'attachant au bord:ce que la pratique t'apprendra, car toutes choses ne sçauroient estre monstrées si exactement par la plume.

Et prends cecy pour precaution, que tu ne

fasses pas tes creusets & tests,de terre qui soit trop molle,mais de celle qui est à demy seiche, autrement ils sont difficilement tirez hors du moule, car celle là est plus aysément appliquée au moule, & si tu y procedes iustement comme il t'est prescrit, difficilement se perdra-t'il vn creuset entre cent.

Cecy doit aussi estre obserué,que la terre superflue qui est coupée,ne doit pas estre meslée derechef auec la masse pour les creusets,à cause qu'elle est gastée auec la graisse ou huile, dont on a oingt les moules,c'est pourquoy elle ne sçauroit estre si bien meslée derechef,& estant bruslée, elle se creue, ce qui est cause qu'on fait de mauuais creusets. Elle doit donc estre gardée à part,pour racommoder les fournaises qui sont gastées par vne trop grande violence de feu, ou bien pour couurir les creusets. Ce qui se fait seulement auec les mains,ou bien auec des moules, desquels nous ne manquerons pas,si nous voulons trauailler toutes choses exactement.

Pour les tuiles & autres vaisseaux qui seruent à la distillation & à la fonte, ils sont faits par le moyen des moules de bois de la façon suiuante. Que les moules soient exactement faits semblables aux tuiles,& autres vaisseaux, qu'en suite il soit coupé de la terre estant tres-bien preparée des feüilles auec vn fil de cuiure sur deux tables de bois vnies : lors vne piece de la terre doit estrè mise auec vn cousteau sur le moule, afin qu'elle acquiere là vne dureté. Apres il faut l'oster de là, la bien secher & bruler,& s'il y faut faire quelqu'autre chose, soit en retranchant ou en adioustant, il le faut faire auec de la terre amortie, seiche, & vn peu dure. Par ce moyen qui que ce soit peut auoir les vaisseaux qui luy sont necessaires pour luy-mesme, sans beaucoup de frais, & sans beaucoup de peine pour son asseurance; car ceux qu'on vend sont faits negligemment, & bien souuent ils se creuent en les sechant, à cause dequoy ils ne durent pas au feu, mais se rompent, non quelquefois sans grande perte de metal, lequel il faut apres chercher dans les cendres par vn lauement incommode. C'est pourquoy il vaut mieux trauailler ces vaisseaux auec ses propres mains pour plus grande asseurance. Car tous les creusets ne peuuent pas tousiours estre faits esgaux, ny de semblable durée au feu, quoy qu'ils soient faits auec grand soin. Il faut donc considerer leur bonté pour leurs diuers vsages; car les meilleurs doiuent seruir à fondre les meilleurs metaux. Or que personne ne se persuade que tous soient indifferemment bons pour le feu, quoy qu'ils soient les meilleurs de tous. Car ie n'ay iamais veu aucune terre qui soustienne le litarge, & le sel de tartre, d'autant que la meilleure que i'aye iamais veu, ne peut resister à leur penetration, ce qui est grandement incommode pour certaines operations profitables, lesquelles nous passons sous silence.

Que ce qui a esté dit suffise concernant la façon des creusets. Or pource qui concerne la façon de faire les tests & les coupelles, & les appliquer ausdits moules, ie n'ay pas cru que ce fust icy le lieu de le monstrer: d'autant qu'il y a long-temps qu'il l'a esté par d'autres, particulierement par cet ingenieux personnage *Lazarus Erker*, aux escrits desquels touchant la façon de faire les tests & les coupelles, ie n'ay rien à redire, & i'y renuoye le Lecteur, d'autant qu'il trouuera là vne suffisante instruction pour les faire, il y a d'autres tests desquels ie ne diray rien en cet endroit, mais peut estre en quelque autre lieu, par le moyen desquels le plomb est rendu meilleur dans l'essay, si on le fond derechef quelquefois.

De la vitrification des vaisseaux de terre, pour la premiere & seconde fournaise.

FAute de vaisseaux de verre pour nostre premiere fournaise, il en faut faire de semblables auec de la meilleure terre, lesquels estant bien vitrifiez vne ou deux fois, sont quelquefois meilleurs que les verres mesmes, principalement ceux qui sont faits auec de la terre qui ne boit pas les esprits, laquelle se trouue presque par tout, se durcissant en pierre lors qu'elle est bien brulee. Iusqu'à present l'art de bruler n'a pas encore esté bien connu, dont il a desia esté dit quelque chose, où la terre estant brulée à vn feu tres-violent, elle deuient si compacte qu'elle s'acquiert vne solidité & dureté de pierre. La fournaise des Potiers estant trop foible pour vn feu si violent, il est necessaire d'auoir vne fournaise particuliere pour ce trauail, dans laquelle on puisse donner vn feu tres-violent. Mais d'autant qu'on ne peut bastir vne telle fournaise pour vne petite quantité de vaisseaux, ne meritant pas d'y faire vne telle despense, ny de prendre tant de peine. Voicy vne autre façon pour vitrifier quelle sorte de terre que ce soit (excepté seulement la terre rouge) laquelle n'est pas à mespriser, si elle est bien faite, & specialement si la matiere à vitrifier est froide, apres que le brulement est finy, sans estre creuée ou fenduë, ny gastée par des esprits corrosifs. Comme le verre fait auec le plomb, retenant les esprits, aussi bien les subtils que les corrosifs, telle qu'est cette vitrification blanche des Italiens & Hollandois, c'est pourquoy au defaut d'vne fournaise propre à bruler les vaisseaux en consistance de pierre, fais les de la meilleure terre, & les vitrifie ou glace auec le meilleur verre fait d'estain, mais non de plomb ; & d'autant plus, qu'il entre de chaux d'estain, dans le meslange de la vitrification, d'autant mieux est il fait. Car l'estain estant reduit en chaux auec le plomb, il n'a plus d'affinité auec les esprits corrosifs, tellement qu'il est plus propre pour la vitrification. Mais celuy qui ne voudra pas faire de si grands frais, qu'il les vitrifie auec du verre de Venise en poudre, laquelle vitrification n'est pas aussi à mespriser, elle demande vn grand feu, à cause que le flux ne se fait qu'auec grande difficulté dans les fournaises communes des Potiers. C'est pourquoy il faut mesler vn peu de borax auec le verre, afin qu'il fluë plus aisément dans la fournaise du Potier, autrement tu verseras sur les vaisseaux de terre bien bruslez, de l'eau meslee auec du verre, de telle façon que le verre s'attache par tout exactement, apres quoy estant bien seichés, il les faut bien industrieusement assembler, afin qu'ils n'occupent pas trop d'espace, de mesme que les plats de terre, qui doiuent estre bruslez, & apres il les faut entourer fort bien en tous les endroits auec des briques bruslees, laissant vn trou en haut pour y ietter les charbons dedans, de sorte neanmoins que les briques soient distantes des vaisseaux la largeur de la main, afin que les charbons estant iettez par haut, puissent aller tout autour, & tomber plus aisément en bas, lequel espace estant remply auec des charbons secs, tu mettras par dessus ceux-là d'autres charbons, afin que le feu commençant par haut, puisse bruler peu à peu iusques en bas, & perfectionner le trauail, & faisant comme cela les vaisseaux seront sans aucun danger, s'ils ont esté bien sechez.

Le feu estant allumé & brulant, tu couuriras le trou auec des pierres, & le laisseras esteindre de luy-mesme, les charbons estant consumez, & les vaisseaux estant froids.

N. B. S'il y a grande quantité de vaisseaux, il faut lors que les premiers charbons sont brulez en remettre de nouueaux, autrement les vaisseaux estant placez au milieu, ils ne sçauroient estre suffisamment brulez, ny le verre estre suffisamment fluant, c'est pourquoy il faut estre soigneux à gouuerner le feu en cette affaire, & par cette voye, si tu fais toutes choses adroitement, les vaisseaux sont mieux & plus parfaitement cuits & vitrifiez, que par la voye commune des fournaises des Potiers, neanmoins en plus grand danger que dans les fournaises de Potier, enuironnées de murailles. Celuy qui veut cuire des creusets & autres petits vaisseaux, il les doit cuire dans nostre fournaise de fonte, ou dans celle de la distillation, estant couuerts auec des charbons, & commencer le feu par haut. Car i'ay esté obligé moy-mesme de cuire & vitrifier tous mes creusets & autres vaisseaux pour distiller de la mesme façon, & cette voye est la meilleure pour cuire & vitrifier, lors qu'on manque d'autres fournaises, par laquelle les vaisseaux sont exactement cuits & vitrifiez en l'espace de trois ou quatre heures. Or la terre qui doit estre cuite promptement, doit estre la meilleure & plus durable au feu, de crainte de rompre quelques vaisseaux : c'est pourquoy pour ta plus grande asseurance sers-toy de la quatriesme fournaise, qui est bastie auec ses chambres: dans la premiere desquelles tu peux cuire & vitrifier sans danger; mais la susdite façon de cuire & vitrifier ne doit pas estre mesprisée. Partant, ie t'admoneste de gouuerner soigneusement ton feu, afin que tu n'en donnes trop ny trop peu, de ce qu'il faut, & qu'apres tu ne m'imputes la faute de ton erreur, si les vaisseaux venoient à rompre, comme si ie n'auois pas escrit la verité, mais que tu t'accuses toy-mesme, & qu'à l'aduenir tu vses de plus grande precaution & diligence dans ton trauail.

Ie sçay d'autres vitrifications & de diuerses couleurs qui ne sont pas connuës, & à la verité tres-secrettes, lesquelles ne doiuent pas estre communiquées indifferemment à tout le monde, mais celuy qui connoist la voye de reduire les metaux en pur verre, reseruant la couleur du metal, est à la verité l'inuenteur d'vn tres grand secret, s'il le considere plus profondement, & s'exerce en l'operation, il a vne porte ouuerte à de plus grandes lumieres, par la grace de Dieu.

Il y a aussi d'autres vitrifications desquelles la terre estant couuerte, il semble qu'elle soit couuerte de pierreries: mais d'autant que ce n'est pas à present nostre dessein de traiter de telles choses, ie mettray fin aux vitrifications, vne exceptée, laquelle ie veux communiquer pour le bien des malades & des Medecins, elle se fait ainsi.

Fay de petites coupes de terre bien polies & blanches de la meilleure terre & bien cuite. Alors fay fluër ou fondre le verre suiuant dans vn creuset tres fort, dans lequel tu trempera vne coupe apres l'autre, la tenant auec des pincettes, & les fais premierement rougir dans vne petite fournaise, les laissant là quelque temps bien couuertes, afin que la terre fasse

meilleure

meilleure attraction du verre, cela fait, tire-les hors, & les mets derechef dans la susdite fournaise close, là où elles ont esté rougies auparauant, apres en auoir tiré vne, trempes-en vne autre à la place de celle-là dans le verre fondu, lequel doit estre mis comme le premier dans la susdite fournaise, & cecy doit estre reïteré si souuent, ou tant que les coupes soient glacées par tout auec ledit verre. Ce fait, la fournaise doit estre bouchée bien exactement par tout, afin que le vent n'entre dedans, & comme cela elle doit estre laissée tant qu'elle soit refroidie d'elle-mesme, & le verre qui est sur les coupes restera entier, ce qui ne se pourroit faire, si les coupes estoient mises en lieu froid. Quant au verre il se fait comme s'ensuit.

Prends deux parts d'antimoine crud, & vne part de bon nitre, broye-les bien ensemble, mets le meslange dans vn creuset, & y y mets le feu auec vn fer rouge, & le soulphre de l'antimoine se bruslera ensemble auec le nitre, laissant vne masse de couleur brune, laquelle tireras hors pendant qu'elle est chaude, auec vne spatule, afin qu'elle refroidisse, laquelle estant apres fonduë dans vn fort creuset par l'espace de demie heure, ou d'vne heure, il s'en fait le verre, par lequel lesdites coupes sont glacées par dessus auec leurs couuercles.

L'vsage des susdites coupes.

PErsonne ne peut desnier que l'antimoine ne soit le plus excellent de tous les vomitifs. C'est pourquoy les Medecins ont inuenté tant de diuerses operations pour en tirer hors la malignité, dont i'en ay monstré quelques-vnes, auec leurs vsages dans la premiere & seconde Partie du present Liure, desquelles l'vne est tousiours meilleure que l'autre, ce neanmoins il est euident que l'antimoine reduit en verre, est suffisant pour purger l'estomac & les boyaux de toute humeur corrompuë, & ce sans aucun danger (estant droitement administré) aussi bien par vomissement que par les selles, par le moyen desquels beaucoup de grieues & dangereuses maladies ne sont pas seulement preuenuës, mais aussi sont incontinent gueries.

Mais tu diras que cecy n'est que de l'antimoine crud, & partant vne preparation imparfaite, & par consequent qu'elle n'est pas si seure: Surquoy ie responds, que l'antimoine qui purge, n'a pas besoin d'vne si grande preparation, d'autant que si toute la crudité en estoit ostée par la fixation, il ne feroit pas dauantage vomir ny aller à la selle, c'est pourquoy le susdit verre d'antimoine n'est pas à apprehender, d'autant qu'il n'est pas dangereux, & se peut mesme donner facilement aux enfans âgez d'vn, ou deux ans, non en poudre, mais en infusion, ou extraction faite auec miel, ou ſucre, & vin, doux ou aigret, & eſtant donné de cette façon, il attire hors des boyaux toutes les humeurs viſqueuſes, & les éuacuë auſſi biẽ par haut que par bas ſans aucun danger. Dequoy nous parlerons plus amplement ailleurs. Que celuy donc qui ſe voudra ſeruir deſdites coupes, y infuſe vne ou deux onces de vin, & le mette l'eſpace d'vne nuict en quelque lieu chaud, & en extraira hors du verre autant de vin qu'il ſera neceſſaire, lequel eſtant apres beu le matin, fera la meſme operation, que l'infuſion de la poudre du ſtibium; & cette voye eſt plus delicate que l'autre, d'autant qu'vne coupe eſt enuoyée au malade, afin qu'il infuſe dedans deux ou trois cueillerées de vin l'eſpace d'vne nuict en quelque lieu chaud, pour le boire le lendemain matin auec vne bonne conduite. Selon mon iugement cette maniere eſt plus delicate, eſtant faite par ſa propre main, & auec ſon propre vin, que ne ſont ces autres voyes ennuyeuſes, de ces portions grandes, ameres & malignes. D'ailleurs, on ſe peut ſeruir ſouuentefois de ladite coupe, & ſi auec le temps le vin ne faiſoit aſſez d'attraction, il faut mettre la coupe & le vin auec de l'eau chaude par vn peu de temps, afin que le vin faſſe mieux l'attraction, & qu'il opere plus efficacement, lors qu'il en ſera beſoin. Celuy qui donne cette ſorte de coupes aux autres, doit les inſtruire comme il s'en faut ſeruir. Car vne coupe eſt ſuffiſante à vne famille pour tout le temps de leur vie. Il ne faut pas pourtant que toutes sortes de personnes s'en seruent, ny indifferemment en toutes maladies, mais seulement ceux qui sont ieunes & robustes, ausquels les principales parties ne sont pas offensées. Il se peut aussi faire des coupes par vne autre voye qui seront vitrifiées sans antimoine, comme s'ensuit.

Sublime l'orpiment dans vn vaisseau de verre ou de terre, & prends ses belles fleurs dorées, lesquelles estant fonduës par vne voye particuliere se reduisent en vn tres beau verre; aussi rouge qu'vn ruby oriental; c'est pourquoy estant rompu en pieces, il peut seruir d'ornement: mais celuy-cy est plus doux, & plus fragile que le verre d'antimoine. Ce verre, ou ces fleurs d'orpiment qui ne sont pas encore reduites en verre, vitrifient parfaitement bien les susdites coupes d'vne couleur rouge tres-agreable.

C'est pourquoy celuy qui voudra vitrifier les susdites coupes, il faut qu'il les fasse premierement rougir entre les charbons ardens, & estant rouges de feu, les tremper dans les susdites fleurs fonduës. Puis les ayant tirées hors, les faut mettre dessous vn pot de terre ou fer, & les laisser refroidir. Elles font le mesme effect, que celles d'antimoine, dont nous auons parlé cy-dessus.

Ces coupes ne sont pas dangereuses: car comme l'antimoine est corrigé par la calcination: l'orpiment l'est de mesme par la sublimation: hors desquels si on tire toute la malignité par la voye du feu, ou du nitre, la vertu vomitiue en est ostée, comme il sera monstré plus amplement dans ces cinq parties, dans vne seconde edition augmentée du traité touchant les purgatifs, & comme ils monstrent leurs vertus, si on prend garde à leur malignité.

Il y a aussi d'autres voyes pour vitrifier, & à la verité tres-belles, que tout le monde desireroit auoir, si elles estoient communiquées, mais d'autant que ce n'est pas à present mon dessein de traiter icy des choses mechaniques, mais seulement de quelques vitrifications particulieres qui seruent à nos fourneaux. I'ay resolu de n'en rien dire pour cette fois, & mettre fin à ces Liures, ayant resolu, Dieu aydant, de les mettre en lumiere plus corrects, & d'vne *façon* plus ample, dans lesquels beaucoup d'excellentes choses seront publiées, lesquelles i'obmets à present pour certaines raisons.

Ie finiray donc ce cinquiesme Liure, & quoy que i'y pourrois auoir mis quelques choses tres-singulieres concernant des fournaises artificielles, ce neanmoins le temps ne me le permet pas à present, ce qui sera differé à vn autre, où nous traiterons plus amplement des essais, examinations & separations des metaux, où sera monstrée la meilleure voye pour fondre les metaux en grande quantité, ce qui n'a pas encore esté connu, & quoy que ceux qui trauaillent en mineraux se persuadent eux-mesmes d'estre parfaits dans leur art, ce neantmoins ie puis monstrer vne voye plus facile & aisée pour la fonte des metaux, & en moins de temps, en plus grande quantité, & auec moins de frais & peine, dont il sera plus amplement parlé en quelqu'autre lieu. C'est pourquoy (Amy Lecteur) contente-toy de cecy, que si ie connois qu'il te soit agreable, ie veux à ta consideration & pour ton profit, te monstrer cy-apres de tres-grands secrets, lesquels le monde ne voudra pas croire.

FIN.

APPENDIX.

IL y a deux ans que i'ay commencé de publier ma nouuelle inuention de fournaises, où il estoit fait mention de quelques secrets, & quoy que i'eusse fait resolution de ne les iamais diuulguer, neantmoins i'en ay souffert beaucoup d'importunitez, c'est pourquoy ie prie vn chacun, qu'ils ne me veüillent plus troubler, ny se troubler eux-mesmes par leurs supplications ou escrits, d'autant que pour l'aduenir ie ne communiqueray autre chose que ce qui s'ensuit. C'est pourquoy attends patiemment le temps d'vne addition, lors que ces cinq Parties seront mises au iour plus amples & corrigées, où beaucoup d'autres secrets choisis seront communiquez, lesquels ont esté obmis pour certaines raisons dans la premiere addition.

Ie communiqueray maintenant auec l'ayde de Dieu,les choses qui suiuent,neanmoins auec cette condition, à cause qu'il y en a beaucoup par le moyen desquelles tu peux en bonne conscience, sans faire tort à ton prochain, gaigner de grandes richesses, auec la benediction de Dieu. Qu'il te souuienne des pauures,que tu sois bon œconome des richesses gaignées honnestement, & que tu en vse à la gloire de Dieu,& au salut eternel de ton ame.

La preparation des bleds, comme orge, froment,auoine, &c. des pommes, poires, cérises,&c. desquels apres la fermentation faite, il s'en tire par le moyen de la distillation vn esprit semblable à l'esprit de vin, à peu de frais,& de ce qui reste,si la matiere est de bled, il s'en peut faire de bonne biere, ou vinaigre: mais si la matiere est de quelque fruict,comme pommes, poires, vne bonne boisson semblable au vin, & par ce moyen tu trouueras double profit, surquoy tu n'auras pas seulement pour viure honnestement, mais aussi pour en laisser à tes heritiers.

Vne excellente & saine boisson de fruits & bleds, qui est durable, & qui est semblable au vin d'Espagne, de France, ou du Rhin.

Vne distillation d'eau de vie, d'vne certaine chose tres vulgaire, sans beaucoup de frais, semblable à l'eau de vie du vin de France & du Rhin.

Vne preparation de sucre, semblable à celuy des Indes,& vn tartre semblable au naturel de vin de Rhin,tiré du miel sans beaucoup de frais, la liure de sucre ne reuenant au plus haut qu'à huict ou dix sols, & la liure de tartre au prix de deux sols.

Vne particuliere preparation du tartre sans perte, & le reduire en grands crystaux, la liure desquels ne reuient qu'à six sols.

Pour tirer hors du miel son mauuais goust & odeur, de telle façon qu'apres cela il s'en peut faire vne bonne eau de vie, n'ayant plus l'odeur ny goust du miel, comme aussi vn tres-bon breuuage semblable au tres-bon vin, laquelle chose se peut faire comme auec le meilleur vin.

Vne preparation d'hydromel auec des raisins, grands & petits, tres-semblable en toutes choses au vin d'Espagne, duquel est aussi fait vn tres-bon vinaigre à peu de frais.

Vne preparation de vin & bon vinaigre, des grapes sauuages.

Des potions durables & saines de meures, fraises & autres semblables.

Pour amender ou meliorer les vins troubles, aigres & moisis, &c.

La preparation d'vn bon vinaigre tiré d'vn certain vegetable qui se trouue par tout, qui est aussi bon que celuy qu'on porte de France, & en grande quantité, desquels deux petits tonneaux, qui sont trente six pintes, ne montent pas plus haut qu'vn demy escu.

Pour auancer la maturité des vins des pays froids de l'Europe (excepté ceux qui sont extremement froids) afin qu'ils produisent de fort bons vins, & qui dureront long-temps, de mesme que ceux qui sont produits dans les pays chauds, lesquels ne pourroient autrement venir à maturité.

Vn certain secret pour transporter les vins hors des montagnes, où les charettes, vaisseaux & autres commoditez manquent, où le transport de dix tonneaux, ne couste pas dauantage que le prix d'vn tonneau par la voye ordinaire, de telle façon que les vins des pays estrangers peuuent estre transportez auec grand profit.

Vne tres-bonne & aisée preparation de verdegris, faite du cuiure, qui ne coustera pas au plus haut de six sols la liure.

Vne nouuelle & aisée distillation de vinaigre, duquel soixante & dix pintes n'excederont pas le prix de trente sols, auec quoy on peut faire beaucoup de choses, particulierement la crystallisation du verdegris, duquel vne liure preparée de cette façon, ne coustera pas plus de trente sols.

Vne aisée & excellente distillation d'vn tres-fort esprit d'vrine, & ce sans aucuns frais, ny trauail, de telle façon que vingt ou trente pintes ne passeront pas le prix de trois liures, estant tres-excellent en Medecine, Alchymie, & affaires mechaniques, auec lequel on peut faire vn tres-beau vitriol bleu hors du cuiure, estant tres-profitable dans la Chymie & Medecine, reduisant l'argent si fusible, que par ce moyen les vaisseaux, comme bassins, plats, & chandeliers, &c. seront si argentez, qu'on les prendra pour de l'argent.

Vne voye pour distiller l'esprit de sel en grande quantité, & à peu de frais, de telle façon que difficilement vne liure coustera six sols, estant excellent dans la Chymie, Medecine, & autres arts, particulierement pour faire les choses suiuantes. La separation de l'or hors de l'argent sans gaster les vaisseaux; comme aussi la dissolution & separation de l'or meslé auec le cuiure & argent, par la force de la precipitation, lequel menstruë se garde pour s'en seruir derechef au mesme vsage, qui est la plus aisée de toutes les separations humides, par laquelle voye l'or est mis à son plus haut degré.

La separation de l'or volatil flambe hors du sable, &c. tres-profitable, sans laquelle on ne le sçauroit iamais separer, ny par lauement, ny par le mercure, ny par la force de la fonte.

Vn secret artificiel qui est aussi inconnu pour esprouuer les mineraux rebelles. Ce qui ne peut estre fait par autre voye, car bien souuent il se trouue des mines d'or, lesquelles sont rebelles, dans lesquelles on ne trouue rien par la voye commune; & par ce moyen on les laisse-là sans y trauailler, & quelquefois en autres lieux, où on ne trouue point de mines de metaux, il s'y trouue d'autres choses, comme du talc blanc & rouge, qui ne donne rien par l'essay commun, ou bien fort peu, tous lesquels abondent en or, & argent, lequel peut estre separé par cette voye.

Vne nouuelle façon non encore ouye pour fondre les mines en grande quantité, où en l'espace d'vn iour, par la chaleur d'vne certaine fournaise de separation, il s'en fondra plus que par la voye commune en huict iours, & on n'espargne pas seulement les frais, mais il y a aussi esperance d'vn plus grand profit.

Vne autre façon pour mieux esprouuer les choses fonduës, & vne nouuelle façon pour separer l'argent d'auec le plomb.

Vne façon fort prompte pour fondre les mineraux, par laquelle ils sont fondus en grande quantité par le moyen du charbon de terre, & à son defaut d'autres charbons.

La fixation des mineraux, soulphreux, arsenicaux, antimoniaux, & autres qui sont volatils, lesquels ne sçauroient estre retenus en fonte par la force du feu, par le moyen d'vne certaine particuliere fournaise auec vne grille, de telle façon qu'apres ils peuuent par la fusion donner de l'or, & de l'argent.

Pour fondre l'or & l'argent flambans, & rarefiez hors du sable, terre grasse, & pierres, &c. par la voye de la fonte.

La separation de l'or qui est dans les bas metaux & mineraux tres-profitable. Ce qui ne peut estre fait par la voye commune.

Vne prompte, artificielle & aisée separation de l'or & l'argent fondus ensemble par la seule fusion, de telle façon qu'en l'espace d'vn iour par le moyen d'vne fournaise, des centaines de marcs peuuent estre separez à moins de frais & de peine, que par la voye commune du ciment & eau forte.

La reduction de l'or trauaillé en chaines & autres ornemens au plus haut degré : Comme aussi la separation de l'or qui a seruy à doter l'argent par la seule fusion, par laquelle voye la separation de cent marcs sera plutost faite, que vingt par la voye commune.

Vne certaine voye par laquelle on separe plus d'argent du plomb, que par les coupelles.

Vne separation de bon or de tout vieux fer, & quoy que ce ne soit pas vn trauail de grand profit. Neantmoins il suffit pour ceux qui se contentent de peu de chose.

Vne separation d'or & d'argent hors de l'estain & du cuiure, tantost plus, tantost moins.

La façon de meurir les mines, afin qu'apres elles soient capables de donner plus d'or & d'argent que par la voye commune. Comme aussi la separation de l'or & argent hors de l'antimoine, arsenic & orpiment.

La separation du soulphre externe de Venus, afin que le fils Cupidon puisse naistre.

La separation de l'argent hors des coupelles, dans lesquelles il entre, l'essay est sans fondre, & sans aucun autre trauail, ny despense.

La preparation de diuers vaisseaux de terre qui peuuent estre faits par tous les endroits du monde, semblables à la porcelaine, qui soustiennent le feu, & retiennent les esprits.

Vn certain alun exaltant & fixant toutes couleurs, principalement celles qui sont requiſes pour l'eſcarlatte, & autres couleurs precieuſes, auec vn certain chauderon perpetuel qui n'altere point les couleurs, & n'eſt pas de grand couſt.

La-façon de faire des couleurs pour les peintres, comme la laine pourprée, l'outremer qui ne couſtent gueres, & ſpecialement ce tres-beau blanc qu'on n'a iamais veu auparauant, ſemblable aux perles. Comme auſſi vne particuliere couleur d'or & d'argent.

FIN.

www.ingramcontent.com/pod-product-compliance
Ingram Content Group UK Ltd.
Pitfield, Milton Keynes, MK11 3LW, UK
UKHW022143190726
13855UKWH00003B/1317

9 782013 557825